JIKKYO NOTEBOOK

スパイラル数学Ⅰ　学習ノート

【数と式／集合と論証】

本書は，実教出版発行の問題集「スパイラル数学Ⅰ」の１章「数と式」，２章「集合と論証」の全例題と全問題を掲載した書き込み式のノートです。本書をノートのように学習していくことで，数学の実力を身につけることができます。

また，実教出版発行の教科書「新編数学Ⅰ」に対応する問題には，教科書の該当ページを示してあります。教科書を参考にしながら問題を解くことによって，学習の効果がより一層高まります。

目　次

1章　数と式

1節　式の計算

1　整式とその加法・減法

SPIRAL A

1　次の単項式の次数と係数をいえ。 ▶教p.4例1

*(1)　$2x^3$　　(2)　x^2　　(3)　$-5xy^3$

*(4)　$\frac{1}{3}ax^2$　　(5)　$-4ax^2y^3$

2　次の単項式で［　］内の文字に着目したとき，次数と係数をいえ。 ▶教p.5例2

*(1)　$3a^2x$　[x]　　(2)　$2xy^3$　[y]

*(3)　$5ax^2y^3$　[y]　　(4)　$-\frac{1}{2}a^3x^2$　[a]

3 次の整式を降べきの順に整理せよ。 ▶教p.5例3

(1) $3x-5+5x-10+4$

*(2) $3x^2+x-3-x^2+3x-2$

*(3) $-5x^3+x-3-x^3+6x^2-2x+3+x^2$

(4) $2x^3-3x^2-x+2-x^3+x^2-x-3+2x^2-x+1$

4 次の整式は何次式か。また，定数項をいえ。 ▶教p.6例4

(1) $3x^2-2x+1$

*(2) $-2x^3+x-3$

(3) $x-3$

*(4) $1-x^2+x^3$

5 次の整式を，x に着目して降べきの順に整理し，各項の係数と定数項を求めよ。 ▶教p.6例5

(1) $x^2+2xy-3x+y-5$

*(2) $4x^2-y+5xy^2-4+x^2-3x+1$

(3) $2x-x^3+xy-3x^2-y^2+x^2y+2x+5$

*(4) $3x^3-x^2-xy-2x^3+2x^2y-2xy+y-y^2+5x-7$

6 次の整式 A，B について，$A+B$ と $A-B$ を計算せよ。 ▶教p.7 例6

*(1) $A=3x^2-x+1$，$B=x^2-2x-3$

(2) $A=4x^3-2x^2+x-3$，$B=-x^3+3x^2+2x-1$

*(3) $A=x-2x^2+1$，$B=3-x+x^2$

7 $A=3x^2-2x+1$, $B=-x^2+3x-2$ のとき，次の式を計算せよ。 ▶教p.7 例7

*(1) $A+3B$

(2) $3A-2B$

*(3) $-2A+3B$

SPIRAL B

8 $A=2x^2+x-1$, $B=-x^2+3x-2$, $C=2x-1$ のとき，次の式を計算せよ。

(1) $(A-B)-C$

(2) $A-(B-C)$

整式の加法・減法

例題 1 $A=x+y-2z$，$B=2x-y-z$，$C=-x+2y+z$ とする。
$2(A+2B)-3(A-C)$ を計算せよ。

解 $2(A+2B)-3(A-C)=2A+4B-3A+3C$ ←A，B，C を整理してから代入する

$=-A+4B+3C$

$=-(x+y-2z)+4(2x-y-z)+3(-x+2y+z)$

$=(-1+8-3)x+(-1-4+6)y+(2-4+3)z$

$=\boldsymbol{4x+y+z}$ 答

9 $A=x+y-z$，$B=2x-3y+z$，$C=x-2y-3z$ のとき，次の式を計算せよ。

*(1) $3(A+B)-(2A+B-2C)$

(2) $A+2B-C-\{2A-3(B-2C)\}$

2 整式の乗法

SPIRAL A

10 次の式の計算をせよ。 ▶教p.8 例8

*(1) $a^2\times a^5$

*(2) $x^7\times x$

*(3) $(a^3)^4$

(4) $(x^4)^2$

(5) $(a^3b^4)^2$

*(6) $(2a^2)^3$

11 次の式の計算をせよ。 ▶教p.8例9

*(1) $2x^3 \times 3x^4$

(2) $xy^2 \times (-3x^4)$

*(3) $(-2x)^3 \times 4x^3$

(4) $(2xy)^2 \times (-2x)^3$

*(5) $(-xy^2)^3 \times (x^4y^3)^2$

(6) $(-3x^3y^2)^3 \times (2x^4y)^2$

12 次の式を展開せよ。 ▶教p.9例10

(1) $x(3x-2)$

*(2) $(2x^2-3x-4)\times 2x$

(3) $-3x(x^2+x-5)$

*(4) $(-2x^2+x-5)\times(-3x^2)$

13 次の式を展開せよ。 ▶教p.9例11

(1) $(x+2)(4x^2-3)$

*(2) $(3x-2)(2x^2-1)$

(3) $(3x^2-2)(x+5)$

*(4) $(-2x^2+1)(x-5)$

14 次の式を展開せよ。 ▶教p.9例11

*(1) $(2x-5)(3x^2-x+2)$

(2) $(3x+1)(2x^2-5x+3)$

*(3) $(x^2+3x-3)(2x+1)$

(4) $(x^2-xy+2y^2)(x+3y)$

15 次の式を展開せよ。 ▶教p.10例12

*(1) $(x+2)^2$

(2) $(x+5y)^2$

(3) $(4x-3)^2$

*(4) $(3x-2y)^2$

*(5) $(2x+3)(2x-3)$

(6) $(3x+4)(3x-4)$

*(7) $(4x+3y)(4x-3y)$

(8) $(x+3y)(x-3y)$

16 次の式を展開せよ。 ▶教p.10例13

(1) $(x+3)(x+2)$

*(2) $(x-5)(x+3)$

(3) $(x+2)(x-3)$

*(4) $(x-5)(x-1)$

(5) $(x-1)(x+4)$

*(6) $(x+3y)(x+4y)$

(7) $(x-2y)(x-4y)$

*(8) $(x+10y)(x-5y)$

(9)　$(x-3y)(x-7y)$

17　次の式を展開せよ。　▶教p.11例14

*(1)　$(3x+1)(x+2)$

(2)　$(2x+1)(5x-3)$

*(3)　$(5x-1)(3x+2)$

(4)　$(4x-3)(3x-2)$

(5)　$(3x-7)(4x+3)$

(6)　$(-2x+1)(3x-2)$

18 次の式を展開せよ。 ▶教p.11例15

*(1) $(4x+y)(3x-2y)$

(2) $(7x-3y)(2x-3y)$

*(3) $(5x-2y)(2x-y)$

(4) $(-x+2y)(3x-5y)$

19 次の式を展開せよ。 ▶教p.12例題1，例16

*(1) $(a+2b+1)^2$

(2) $(3a-2b+1)^2$

(3) $(a-b-c)^2$

*(4) $(2x-y+3z)^2$

SPIRAL B

20 次の式の計算をせよ。 ▶教p.8例8，9

(1) $(-2xy^3)^2\times\left(-\dfrac{1}{2}x^2y\right)^3$

*(2) $(-3xy^3)^2\times(-2x^3y)^3\times\left(-\dfrac{1}{3}xy\right)^4$

21 次の式を展開せよ。 ▶教p.11例15，p.9例11

*(1) $(3x-2a)(2x+a)$

(2) $(2ab-1)(3ab+1)$

*(3) $(x+y-1)(2a-3b)$

(4)　$(a^2+3ab+2b^2)(x-y)$

22　次の式の計算をせよ。 ▶教p.10例12

*(1)　$(a+2)^2-(a-2)^2$

(2)　$(2x+3y)^2+(2x-3y)^2$

*(3)　$(x+2y)(x-2y)-(x+3y)(x-3y)$

23 次の式を展開せよ。 ▶教p.13例題2

*(1) $(x+2y+3)(x+2y-3)$

(2) $(3x+y-5)(3x+y+5)$

*(3) $(x^2-x+2)(x^2-x-4)$

(4) $(x^2+2x+1)(x^2+2x+3)$

*(5) $(x+y-3)(x-y+3)$

(6) $(3x^2-2x+1)(3x^2+2x+1)$

24 次の式を展開せよ。 ▶教p.13応用例題1

*(1) $(x^2+9)(x+3)(x-3)$

(2) $(x^2+4y^2)(x+2y)(x-2y)$

(3) $(a^2+b^2)(a+b)(a-b)$

*(4) $(4x^2+9y^2)(2x-3y)(2x+3y)$

25 次の式を展開せよ。 ▶教p.13応用例題1

*(1) $(a+2b)^2(a-2b)^2$

(2) $(3x+2y)^2(3x-2y)^2$

(3) $(-2x+y)^2(-2x-y)^2$

*(4)　$(5x-3y)^2(-3y-5x)^2$

26　次の式を展開したとき，x^3 の係数を求めよ。

(1)　$(x^2-x+1)(-x^2+4x+3)$

(2)　$(x^3-x^2+x-2)(2x^2-x+5)$

SPIRAL C

掛ける組合せの工夫

例題 2 $(x+1)(x+2)(x-3)(x-4)$ を展開せよ。

考え方 掛ける組合せを工夫する。

解
$$(x+1)(x+2)(x-3)(x-4)=(x+1)(x-3)\times(x+2)(x-4)$$
$$=(x^2-2x-3)(x^2-2x-8)$$

ここで，$x^2-2x=A$ とおくと

$$(x^2-2x-3)(x^2-2x-8)=(A-3)(A-8)$$
$$=A^2-11A+24$$
$$=(x^2-2x)^2-11(x^2-2x)+24$$

（A を x^2-2x にもどす）

$$=x^4-4x^3+4x^2-11x^2+22x+24$$
$$=\boldsymbol{x^4-4x^3-7x^2+22x+24}$$ 答

27 次の式を展開せよ。

(1) $(x+1)(x-2)(x-1)(x-4)$

(2) $(x+2)(x-2)(x+1)(x+5)$

3 因数分解

SPIRAL A

28 次の式を因数分解せよ。 ▶教p.14例17

*(1) x^2+3x

(2) x^2+x

(3) $2x^2-x$

(4) $4xy^2-xy$

*(5) $3ab^2-6a^2b$

(6) $12x^2y^3-20x^3yz$

29 次の式を因数分解せよ。 ▶教p.15例18

(1) $abx^2-abx+2ab$

*(2) $2x^2y+xy^2-3xy$

*(3) $12ab^2-32a^2b+8abc$

(4) $3x^2+6xy-9x$

30 次の式を因数分解せよ。 ▶教p.15例19

(1) $(a+2)x+(a+2)y$

(2) $x(a-3)-2(a-3)$

*(3) $(3a-2b)x-(3a-2b)y$

*(4) $3x(2a-b)-(2a-b)$

31 次の式を因数分解せよ。

▶教p.15例題3

*(1) $(3a-2)x+(2-3a)y$

*(2) $x(3a-2b)-y(2b-3a)$

(3) $a(x-2y)-b(2y-x)$

(4) $(2a+b)x-2a-b$

32 次の式を因数分解せよ。 ▶教p.16例20，21

(1) x^2+2x+1

*(2) $x^2-12x+36$

(3) $9-6x+x^2$

(4) $x^2+4xy+4y^2$

(5) $4x^2+4xy+y^2$

*(6) $9x^2-30xy+25y^2$

33 次の式を因数分解せよ。 ▶教p.16例22

(1) x^2-81

*(2) $9x^2-16$

(3) $36x^2-25y^2$

*(4) $49x^2-4y^2$

(5) $64x^2-81y^2$

(6) $100x^2-9y^2$

34 次の式を因数分解せよ。 ▶教p.17例23

(1) x^2+5x+4

*(2) $x^2+7x+12$

(3) x^2-6x+8

*(4) $x^2-3x-10$

(5) $x^2+4x-12$

*(6) $x^2-8x+15$

(7) $x^2-3x-54$

*(8) $x^2+7x-18$

(9) x^2-x-30

35 次の式を因数分解せよ。 ▶教p.17例24

*(1) $x^2+6xy+8y^2$

(2) $x^2+7xy+6y^2$

*(3) $x^2-2xy-24y^2$

(4) $x^2+3xy-28y^2$

(5) $x^2-7xy+12y^2$

*(6) $a^2-ab-20b^2$

(7) $a^2+ab-42b^2$

(8) $a^2-13ab+36b^2$

36 次の式を因数分解せよ。 ▶教p.19例25

(1) $3x^2+4x+1$

*(2) $2x^2+7x+3$

(3) $2x^2-5x+2$

*(4) $3x^2-8x-3$

(5) $3x^2+16x+5$

(6) $5x^2-8x+3$

(7) $6x^2+x-1$

(8) $5x^2+7x-6$

*(9) $6x^2+17x+12$

*(10) $6x^2+x-15$

(11) $4x^2-4x-15$

(12) $6x^2-11x-35$

37 次の式を因数分解せよ。 ▶教p.19例題4

(1) $5x^2+6xy+y^2$

*(2) $7x^2-13xy-2y^2$

(3) $2x^2-7xy+6y^2$

*(4) $6x^2-5xy-6y^2$

38 次の式を因数分解せよ。 ▶教p.20例題5

(1) $(x-y)^2+2(x-y)-15$

*(2) $(x+2y)^2-3(x+2y)-10$

(3) $(2x-y)^2+4(2x-y)+4$

*(4) $2(x-3)^2-7(x-3)+3$

(5) $(x+2y)^2+2(x+2y)$

(6) $2(x-y)^2-x+y$

39 次の式を因数分解せよ。

▶教p.20応用例題2

*(1) x^4-5x^2+4

(2) x^4-10x^2+9

*(3) x^4-16

(4) x^4-81

40 次の式を因数分解せよ。 ▶教p.21応用例題3

*(1) $(x^2+x)^2-3(x^2+x)+2$

(2) $(x^2-2x)^2-(x^2-2x)-6$

(3) $(x^2+5x)^2-36$

*(4) $(x^2+x-1)(x^2+x-5)+3$

41 次の式を因数分解せよ。 ▶教p.21例題6

*(1) $2a+2b+ab+b^2$

(2) $a^2-3b+ab-3a$

*(3) $a^2+c^2-ab-bc+2ac$

(4) a^3+b-a^2b-a

(5) $a^2+ab-2b^2+2bc-2ca$

SPIRAL B

42 次の式を因数分解せよ。

*(1) $bx^2-4a^2by^2$

*(2) $2ax^2-4ax+2a$

(3) $2a^2x^3+6a^2x^2-20a^2x$

(4) $x^4+x^3+\frac{1}{4}x^2$

43 次の式を因数分解せよ。

(1) $x^2(a^2-b^2)+y^2(b^2-a^2)$

(2) $(x+1)a^2-x-1$

44 次の式を因数分解せよ。 ▶教p.22応用例題4

(1) $x^2+(2y+1)x+(y-3)(y+4)$

(2) $x^2+(y-2)x-(2y-5)(y-3)$

*(3) $x^2+3xy+2y^2+x+3y-2$

*(4) $2x^2-3xy-2y^2+x+3y-1$

(5) $2x^2+5xy+2y^2+5x+y-3$

*(6) $6x^2-7xy+2y^2-6x+5y-12$

45 次の式を因数分解せよ。

(1) $(x-2)^2-y^2$

(2) $x^2+6x+9-16y^2$

(3) $4x^2-y^2-8y-16$

(4) $9x^2-y^2+4y-4$

46 次の式を因数分解せよ。

$$x^2(y-z)+y^2(z-x)+z^2(x-y)$$

SPIRAL C

因数分解の公式の利用

例題 3 次の式を因数分解せよ。

(1) x^4+3x^2+4　　(2) x^4+4

考え方 $A^2-B^2=(A+B)(A-B)$ を利用する。

解 (1) x^4+3x^2+4

$=x^4+4x^2+4-x^2$

$=(x^2+2)^2-x^2$

$=\{(x^2+2)+x\}\{(x^2+2)-x\}$

$=\boldsymbol{(x^2+x+2)(x^2-x+2)}$ 答

(2) x^4+4

$=x^4+4x^2+4-4x^2$

$=(x^2+2)^2-(2x)^2$

$=\{(x^2+2)+2x\}\{(x^2+2)-2x\}$

$=\boldsymbol{(x^2+2x+2)(x^2-2x+2)}$ 答

47 次の式を因数分解せよ。

(1) x^4+2x^2+9

(2) x^4-3x^2+1

(3) x^4-8x^2+4

(4) x^4+64

積の組合せの工夫

例題 4 次の式を因数分解せよ。

$$(x+1)(x+2)(x-3)(x-4)-24$$

考え方 積の組合せを考える。

$(x+1)(x-3)=x^2-2x-3$，$(x+2)(x-4)=x^2-2x-8$

となり，$x^2-2x=A$ とおくと A の 2 次式で表すことができる。

解

$(x+1)(x+2)(x-3)(x-4)-24$

$=(x+1)(x-3)(x+2)(x-4)-24$

$=\{(x^2-2x)-3\}\{(x^2-2x)-8\}-24$　←$x^2-2x=A$ とおくと

$=(x^2-2x)^2-11(x^2-2x)+24-24$　←$A^2-11A+24-24$

$=(x^2-2x)^2-11(x^2-2x)$　←$A^2-11A=A(A-11)$

$=(x^2-2x)(x^2-2x-11)$

$=\boldsymbol{x(x-2)(x^2-2x-11)}$ 答

48 次の式を因数分解せよ。

(1) $(x+1)(x+2)(x+3)(x+4)-24$

(2) $(x-1)(x-3)(x-5)(x-7)-9$

思考力 PLUS 3次式の展開と因数分解

SPIRAL A

49 次の式を展開せよ。 ▶教p.24例1

(1) $(x+3)^3$

(2) $(a-2)^3$

(3) $(3x+1)^3$

(4) $(2x-1)^3$

(5) $(2x+3y)^3$

(6) $(-a+2b)^3$

50 次の式を展開せよ。 ▶教p.25例2

(1) $(x+3)(x^2-3x+9)$

(2) $(x-1)(x^2+x+1)$

(3) $(3x-2)(9x^2+6x+4)$

(4) $(x+4y)(x^2-4xy+16y^2)$

51 次の式を因数分解せよ。 ▶教p.25例3

(1) x^3+8

(2) $27x^3-1$

(3)　$27x^3+8y^3$

(4)　$64x^3-27y^3$

(5)　$x^3-y^3z^3$

(6)　$(a-b)^3-c^3$

52　次の式を因数分解せよ。

▶教p.25例3

(1)　x^4y-xy^4

(2)　x^6-y^6

2節　実数

1　実数

SPIRAL A

53　次の分数を小数で表せ。　▶教p.26例1

*(1)　$\dfrac{7}{4}$

(2)　$\dfrac{7}{5}$

*(3)　$\dfrac{5}{3}$

(4)　$\dfrac{1}{12}$

54　次の分数を循環小数の記号・を用いて表せ。　▶教p.26練習1

*(1)　$\dfrac{4}{9}$

*(2)　$\dfrac{10}{3}$

(3)　$\dfrac{13}{33}$

(4)　$\dfrac{33}{7}$

55 次の実数に対応する点を数直線上にしるせ。 ▶教p.28練習2

*(1) -3 *(2) 0.25 (3) $\frac{3}{4}$ (4) $-\frac{5}{2}$ *(5) $-\sqrt{3}$

56 次の値を，絶対値記号を用いないで表せ。 ▶教p.28例2

*(1) $|3|$ *(2) $|-6|$ *(3) $|-3.1|$

(4) $\left|\frac{1}{2}\right|$ (5) $\left|-\frac{3}{5}\right|$ *(6) $|\sqrt{7}-\sqrt{6}|$

(7) $|\sqrt{2}-\sqrt{5}|$ *(8) $|3-\sqrt{3}|$ (9) $|3-\sqrt{10}|$

SPIRAL B

57 次の数の中から，① 自然数，② 整数，③ 有理数，④ 無理数　であるものをそれぞれ選べ。

$$-3,\quad 0,\quad \frac{22}{3},\quad -\frac{1}{4},\quad \sqrt{3},\quad \pi,\quad 5,\quad 0.\dot{5}$$

58 次の文の下線部が正しいかどうか答えよ。

(1) 2つの自然数の<u>差</u>は自然数である。

(2) 2つの整数の<u>和，差，積</u>はすべて整数である。

例題 5 循環小数の分数表示

循環小数 $1.\dot{2}3\dot{4}$ を分数で表せ。

▶教p.34参考

解

$x=1.\dot{2}3\dot{4}=1.234234234\cdots\cdots$ とおくと

$1000x=1234.234234234\cdots\cdots$ ……①

$x=\quad 1.234234234\cdots\cdots$ ……②

①－② より　$999x=1233$　　よって　$x=\dfrac{1233}{999}=\mathbf{\dfrac{137}{111}}$　答

59 次の循環小数を分数で表せ。

(1) $0.\dot{3}$

*(2) $0.\dot{1}\dot{2}$

(3) $1.1\dot{3}\dot{6}$

*(4) $1.2\dot{3}$

SPIRAL C

絶対値記号を含む式の値

例題 6 a が次の値をとるとき，$|a-3|+|1-2a|$ の値をそれぞれ求めよ。 ▶教p.49章末4

(1) $a=5$　　(2) $a=1$　　(3) $a=-1$

解

(1) $|a-3|+|1-2a|=|5-3|+|1-2\times5|$
$=|2|+|-9|=2+9=\mathbf{11}$ 答

(2) $|a-3|+|1-2a|=|1-3|+|1-2\times1|$
$=|-2|+|-1|=2+1=\mathbf{3}$ 答

(3) $|a-3|+|1-2a|=|-1-3|+|1-2\times(-1)|$
$=|-4|+|3|=4+3=\mathbf{7}$ 答

60 a が次の値をとるとき，$|2a-3|-|4-3a|$ の値をそれぞれ求めよ。

(1) $a=2$

(2) $a=1$

(3) $a=0$

(4) $a=-1$

2 根号を含む式の計算

SPIRAL A

61 次の値を求めよ。 ▶教p.29例3

(1) 7 の平方根

*(2) $\sqrt{36}$

(3) $\dfrac{1}{9}$ の平方根

*(4) $\sqrt{\dfrac{1}{4}}$

62 次の値を求めよ。 ▶教p.29

*(1) $\sqrt{7^2}$

(2) $\sqrt{(-3)^2}$

(3) $\sqrt{\left(\dfrac{2}{3}\right)^2}$

*(4) $\sqrt{\left(-\dfrac{5}{8}\right)^2}$

63 次の式を計算せよ。 ▶教p.30例4

(1) $\sqrt{3} \times \sqrt{5}$

(2) $\sqrt{6} \times \sqrt{7}$

*(3) $\sqrt{2} \times \sqrt{3} \times \sqrt{5}$

*(4) $\dfrac{\sqrt{10}}{\sqrt{5}}$

(5) $\dfrac{\sqrt{30}}{\sqrt{6}}$

*(6) $\sqrt{12} \div \sqrt{3}$

64 次の式を $k\sqrt{a}$ の形に表せ。 ▶教p.30例5

(1) $\sqrt{8}$

*(2) $\sqrt{24}$

(3) $\sqrt{28}$

(4) $\sqrt{32}$

*(5) $\sqrt{63}$

(6) $\sqrt{98}$

65 次の式を計算せよ。 ▶教p.30例6

(1) $\sqrt{3}\times\sqrt{15}$

*(2) $\sqrt{6}\times\sqrt{2}$

(3) $\sqrt{6}\times\sqrt{12}$

*(4) $\sqrt{5}\times\sqrt{20}$

66 次の式を簡単にせよ。 ▶教p.31例7

(1) $3\sqrt{3}-\sqrt{3}$

*(2) $\sqrt{2}-2\sqrt{2}+5\sqrt{2}$

(3) $\sqrt{18}-\sqrt{32}$

*(4) $\sqrt{12}+\sqrt{48}-5\sqrt{3}$

(5) $(3\sqrt{2}-3\sqrt{3})+(\sqrt{2}+2\sqrt{3})$

(6) $(\sqrt{20}-\sqrt{8})-(\sqrt{5}-\sqrt{32})$

67 次の式を簡単にせよ。 ▶教p.31 例題1

(1) $(3\sqrt{2}-\sqrt{3})(\sqrt{2}+2\sqrt{3})$

*(2) $(2\sqrt{2}-\sqrt{5})(3\sqrt{2}+2\sqrt{5})$

*(3) $(\sqrt{3}+2)^2$

(4) $(\sqrt{3}+\sqrt{7})^2$

(5) $(\sqrt{2}-1)^2$

(6) $(2\sqrt{3}-2\sqrt{2})^2$

*(7) $(\sqrt{7}+\sqrt{2})(\sqrt{7}-\sqrt{2})$

68 次の式の分母を有理化せよ。 ▶教p.32例8

(1) $\dfrac{\sqrt{2}}{\sqrt{5}}$

*(2) $\dfrac{8}{\sqrt{2}}$

(3) $\dfrac{9}{\sqrt{3}}$

(4) $\dfrac{3}{2\sqrt{3}}$

*(5) $\dfrac{\sqrt{5}}{\sqrt{27}}$

69 次の式の分母を有理化せよ。 ▶教p.32例題2

(1) $\dfrac{1}{\sqrt{5}-\sqrt{3}}$

*(2) $\dfrac{4}{\sqrt{7}+\sqrt{3}}$

(3) $\dfrac{2}{\sqrt{3}+1}$

(4) $\dfrac{\sqrt{2}}{2-\sqrt{5}}$

*(5) $\dfrac{5}{2+\sqrt{3}}$

(6) $\dfrac{\sqrt{11}-3}{\sqrt{11}+3}$

(7) $\dfrac{3-\sqrt{7}}{3+\sqrt{7}}$

*(8) $\dfrac{\sqrt{2}+\sqrt{5}}{\sqrt{2}-\sqrt{5}}$

SPIRAL B

70 次の x の値に対して，$\sqrt{(x-3)^2}$ の値を求めよ。

(1) $x=7$　(2) $x=3$　(3) $x=1$

71 次の式を簡単にせよ。 ▶教p.31例7，例題1

(1) $(\sqrt{32}-\sqrt{75})-(2\sqrt{18}-3\sqrt{12})$

*(2) $(3\sqrt{8}+2\sqrt{12})-(\sqrt{50}-3\sqrt{27})$

*(3) $(\sqrt{20}-\sqrt{2})(\sqrt{5}+\sqrt{32})$

(4) $(\sqrt{27}-\sqrt{32})^2$

72 次の式を簡単にせよ。

(1) $\frac{1}{\sqrt{3}}-\frac{1}{\sqrt{12}}-\frac{1}{\sqrt{27}}$

*(2) $\frac{1}{3-\sqrt{5}}+\frac{1}{3+\sqrt{5}}$

(3) $\frac{\sqrt{3}}{\sqrt{3}+\sqrt{2}}-\frac{\sqrt{2}}{\sqrt{3}-\sqrt{2}}$

*(4) $\frac{4}{\sqrt{5}-1}-\frac{1}{\sqrt{5}+2}$

73 次の式を簡単にせよ。

*(1) $\dfrac{3}{\sqrt{5}-\sqrt{2}}-\dfrac{2}{\sqrt{5}+\sqrt{3}}-\dfrac{1}{\sqrt{3}-\sqrt{2}}$

(2) $\dfrac{\sqrt{3}}{3-\sqrt{6}}+\dfrac{2}{\sqrt{5}+\sqrt{3}}+\dfrac{\sqrt{3}+\sqrt{2}}{5+2\sqrt{6}}$

SPIRAL C

式の値

例題 7 $x=\sqrt{3}+\sqrt{2}$，$y=\sqrt{3}-\sqrt{2}$ のとき，次の式の値を求めよ。 ▶教p.34思考力✚

(1) $x+y$　(2) xy　(3) x^2+y^2　(4) x^3+y^3

考え方 $x^2+y^2=(x+y)^2-2xy$,　$x^3+y^3=(x+y)^3-3xy(x+y)$ を利用するとよい。

解
(1) $x+y=(\sqrt{3}+\sqrt{2})+(\sqrt{3}-\sqrt{2})=\mathbf{2\sqrt{3}}$ 答

(2) $xy=(\sqrt{3}+\sqrt{2})(\sqrt{3}-\sqrt{2})=3-2=\mathbf{1}$ 答

(3) $x^2+y^2=(x+y)^2-2xy=(2\sqrt{3})^2-2\times1=12-2=\mathbf{10}$ 答

(4) $x^3+y^3=(x+y)^3-3xy(x+y)$
$=(2\sqrt{3})^3-3\times1\times2\sqrt{3}=24\sqrt{3}-6\sqrt{3}=\mathbf{18\sqrt{3}}$ 答

74 $x=\dfrac{\sqrt{3}-1}{\sqrt{3}+1}$，$y=\dfrac{\sqrt{3}+1}{\sqrt{3}-1}$ のとき，次の式の値を求めよ。

(1) $x+y$

(2) xy

(3) x^2+y^2

(4) x^3+y^3

(5) $\dfrac{x}{y}+\dfrac{y}{x}$

75 $x=\dfrac{2}{\sqrt{3}+1}$ のとき，次の問いに答えよ。

(1) 分母を有理化せよ。

(2) $(x+1)^2$ の値を求めよ。

(3) x^2+2x+2 の値を求めよ。

例題 8 $\dfrac{1}{\sqrt{2}-1}$ の整数部分を a，小数部分を b とするとき，a と b の値を求めよ。 ▶教 p.50 章末9

解

$$\frac{1}{\sqrt{2}-1}=\frac{\sqrt{2}+1}{(\sqrt{2}-1)(\sqrt{2}+1)}=\frac{\sqrt{2}+1}{(\sqrt{2})^2-1^2}=\sqrt{2}+1$$

ここで　$1<\sqrt{2}<2$　であるから

$2<\sqrt{2}+1<3$

ゆえに　$\boldsymbol{a=2}$ 答

よって　$b=\sqrt{2}+1-2=\boldsymbol{\sqrt{2}-1}$ 答

76 $\dfrac{2}{3-\sqrt{7}}$ の整数部分を a，小数部分を b とするとき，a と b の値を求めよ。

二重根号

例題 9 次の式の二重根号をはずせ。 ▶教p.35思考力✚発展

(1) $\sqrt{6+\sqrt{32}}$　　(2) $\sqrt{2-\sqrt{3}}$

考え方 $a>0$, $b>0$ のとき　$\sqrt{(\boldsymbol{a}+\boldsymbol{b})+2\sqrt{\boldsymbol{ab}}}=\sqrt{(\sqrt{a}+\sqrt{b})^2}=\sqrt{\boldsymbol{a}}+\sqrt{\boldsymbol{b}}$

$a>b>0$ のとき　$\sqrt{(\boldsymbol{a}+\boldsymbol{b})-2\sqrt{\boldsymbol{ab}}}=\sqrt{(\sqrt{a}-\sqrt{b})^2}=\sqrt{\boldsymbol{a}}-\sqrt{\boldsymbol{b}}$

(2)は，$\sqrt{3}$ の前に2をつけるように工夫して計算する。

解 (1) $\sqrt{6+\sqrt{32}}=\sqrt{6+2\sqrt{8}}=\sqrt{(\sqrt{4}+\sqrt{2})^2}=\sqrt{(2+\sqrt{2})^2}=\boldsymbol{2+\sqrt{2}}$ 答

(2) $\sqrt{2-\sqrt{3}}=\sqrt{\dfrac{4-2\sqrt{3}}{2}}=\dfrac{\sqrt{4-2\sqrt{3}}}{\sqrt{2}}=\dfrac{\sqrt{(\sqrt{3}-1)^2}}{\sqrt{2}}=\dfrac{\sqrt{3}-1}{\sqrt{2}}$

$=\dfrac{(\sqrt{3}-1)\times\sqrt{2}}{\sqrt{2}\times\sqrt{2}}=\boldsymbol{\dfrac{\sqrt{6}-\sqrt{2}}{2}}$ 答

77 次の式の二重根号をはずせ。

(1) $\sqrt{7+2\sqrt{12}}$

(2) $\sqrt{9-2\sqrt{14}}$

(3) $\sqrt{8+\sqrt{48}}$

(4) $\sqrt{5-\sqrt{24}}$

(5) $\sqrt{15-6\sqrt{6}}$

(6) $\sqrt{11+4\sqrt{6}}$

78 次の式の二重根号をはずせ。

(1) $\sqrt{3+\sqrt{5}}$

(2) $\sqrt{4-\sqrt{7}}$

(3) $\sqrt{6+3\sqrt{3}}$

(4) $\sqrt{14-5\sqrt{3}}$

分母の有理化の工夫

例題 10 $\dfrac{1}{1+\sqrt{2}+\sqrt{3}}$ の分母を有理化せよ。

▶教p.50章末7

考え方 $\{(1+\sqrt{2})+\sqrt{3}\}\{(1+\sqrt{2})-\sqrt{3}\}=(1+\sqrt{2})^2-(\sqrt{3})^2=3+2\sqrt{2}-3=2\sqrt{2}$

となることを利用する。

解

$$\frac{1}{1+\sqrt{2}+\sqrt{3}}=\frac{1+\sqrt{2}-\sqrt{3}}{(1+\sqrt{2}+\sqrt{3})(1+\sqrt{2}-\sqrt{3})}$$

$$=\frac{1+\sqrt{2}-\sqrt{3}}{(1+\sqrt{2})^2-(\sqrt{3})^2}$$

$$=\frac{1+\sqrt{2}-\sqrt{3}}{2\sqrt{2}}=\frac{(1+\sqrt{2}-\sqrt{3})\times\sqrt{2}}{2\sqrt{2}\times\sqrt{2}}=\frac{\sqrt{2}+2-\sqrt{6}}{4}$$ 答

79 次の式の分母を有理化せよ。

(1) $\dfrac{1}{\sqrt{2}+\sqrt{3}+\sqrt{5}}$

(2) $\dfrac{1}{\sqrt{2}+\sqrt{5}+\sqrt{7}}$

3節　1次不等式

:1 不等号と不等式　:2 不等式の性質

SPIRAL A

80　次の数量の大小関係を，不等号を用いて表せ。 ▶教p.36例1

(1)　x は -2 より小さい

*(2)　x は 3 未満

(3)　x は 4 以下

*(4)　x は 3 より大きい

(5)　x は 10 以上

*(6)　x は -3 以上 3 以下

(7)　x は 0 より大きく 3 より小さい

81 次の数量の大小関係を不等式で表せ。 ▶教p.37例2

*(1) ある数xを2倍して3を引いた数は，6より大きい。

(2) ある数xを3で割って2を加えた数は，xの5倍以下である。

(3) ある数xを-5倍して4を引いた数は，-5以上でかつ3未満である。

*(4) 1本60円のえんぴつをx本と，1冊150円のノートを3冊買ったときの合計金額は，1800円未満であった。

82 $a < b$ のとき，次の 2 つの数の大小関係を不等号を用いて表せ。 ▶教p.39例3

*(1) $a+3$,　$b+3$

(2) $a-5$,　$b-5$

*(3) $4a$,　$4b$

(4) $-5a$,　$-5b$

(5) $\dfrac{a}{5}$,　$\dfrac{b}{5}$

*(6) $-\dfrac{a}{5}$,　$-\dfrac{b}{5}$

(7) $2a-1$,　$2b-1$

*(8) $1-3a$,　$1-3b$

3 1次不等式(1)

SPIRAL A

83 次の不等式で表された x の値の範囲を，数直線上に図示せよ。 ▶教p.40例4

(1) $x \geqq 0$　　*(2) $x \leqq 5$

(3) $x > 1$　　*(4) $x < -2$

84 次の1次不等式を解け。 ▶教p.41例5

(1) $x-1>2$　　*(2) $x+5<12$　　(3) $x+8 \leqq 6$

*(4) $x-6 \geqq 0$　　(5) $3+x>-2$　　*(6) $-2+x \leqq -2$

85 次の１次不等式を解け。 ▶教p.41 例5

(1) $2x-1>3$

*(2) $3x+5<20$

(3) $4x-1 \leqq 6$

*(4) $2x+1 \geqq 0$

*(5) $-3x+2 \leqq 5$

(6) $6-2x \geqq 3$

86 次の１次不等式を解け。 ▶教p.42例題1

*(1) $7-4x<3-2x$

(2) $7x+1 \leqq 2x-4$

*(3) $2x+3<4x+7$

(4) $3x+5 \geqq 6x-4$

*(5) $12-x \leqq 3x-2$

(6) $2(x-3)>x-5$

(7) $7x-18 \geqq 3(x-1)$

(8) $5(1-x)<3x-7$

87 次の1次不等式を解け。 ▶教p.42例題2

*(1) $x-1<2-\frac{3}{2}x$

(2) $x+\frac{2}{3}\leqq 1-2x$

*(3) $\frac{4}{3}x-\frac{1}{3}>\frac{3}{4}x+\frac{1}{2}$

(4) $\frac{3}{2}-\frac{1}{2}x<\frac{2}{3}x-\frac{5}{3}$

*(5) $\frac{1}{2}x+\frac{1}{3}<\frac{3}{4}x-\frac{5}{6}$

(6) $\frac{1}{3}x+\frac{7}{6}\geqq\frac{1}{2}x+\frac{1}{3}$

SPIRAL B

88 次の１次不等式を解け。 ▶教p.42例題2

*(1) $0.4x + 0.3 \geqq 1.2x + 1.9$

(2) $0.2x + 1 \leqq 0.5x - 1.6$

*(3) $2(1 - 3x) > \dfrac{1 - 5x}{2}$

(4) $\dfrac{1}{2}(3x + 4) < x - \dfrac{1}{6}(x + 1)$

*(5) $\frac{3-2x}{12} > \frac{x+2}{9} - \frac{2x-1}{6}$

(6) $\frac{4x-5}{6} - \frac{x-1}{3} \geqq \frac{2-3x}{5}$

*(7) $\frac{x}{3} - \frac{1-2x}{6} < \frac{x-3}{2} + \frac{3}{4}$

(8) $\frac{2x-1}{3} - \frac{x-1}{2} \leqq -\frac{3(1+x)}{5}$

SPIRAL C

例題 11 最小の整数解

1 次不等式 $6-4x<5-2x$ の解のうち，最小の整数を求めよ。

解 不等式 $6-4x<5-2x$ を解くと

$$-2x<-1$$

$$x>\frac{1}{2} \quad \leftarrow \frac{1}{2}=0.5$$

したがって

$x>\dfrac{1}{2}$ を満たす最小の整数は **1** である。 **答**

89 次の問いに答えよ。

(1) 1 次不等式 $8x-2<3(x+2)$ の解のうち，最大の整数を求めよ。

(2) 1 次不等式 $\dfrac{x-25}{4}<\dfrac{3x-2}{2}$ の解のうちで負の整数であるものの個数を求めよ。

3 1次不等式(2)

SPIRAL A

90 次の連立不等式を解け。 ▶教p.43例6

(1) $\begin{cases} 4x-3<2x+9 \\ 3x>x+2 \end{cases}$

*(2) $\begin{cases} 2x-3<3 \\ 3x+6>x-2 \end{cases}$

(3) $\begin{cases} 27 \geqq 2x+13 \\ 9 \leqq 7+4x \end{cases}$

*(4) $\begin{cases} x-1<3x+7 \\ 5x+2<2x-4 \end{cases}$

91 次の連立不等式を解け。 ▶教p.43例題3

(1) $\begin{cases} 3x+1>5(x-1) \\ 2(x-1)>5x+4 \end{cases}$

*(2) $\begin{cases} 2x-5(x+1) \leqq 1 \\ x-5 \leqq 3x+7 \end{cases}$

(3) $\begin{cases} 7x-18 \geqq 3(x-2) \\ 2(3-x) \leqq 3(x-5)-9 \end{cases}$

*(4) $\begin{cases} x-1<2-\dfrac{3}{2}x \\ \dfrac{2}{5}x-6 \leqq 2(x+1) \end{cases}$

92 次の不等式を解け。

▶教p.44例題4

(1) $-2 \leqq 4x+2 \leqq 10$

*(2) $x-7 < 3x-5 < 5-2x$

(3) $3x+2 \leqq 5x \leqq 8x+6$

*(4) $3x+4 \geqq 2(2x-1) > 3(x-1)$

SPIRAL B

93 次の連立不等式を解け。 ▶教p.43例題3

*(1) $\begin{cases} \dfrac{x+1}{3} \geqq \dfrac{x-1}{4} \\ \dfrac{1}{3}x + \dfrac{1}{6} \leqq \dfrac{1}{4}x \end{cases}$

(2) $\begin{cases} \dfrac{x-1}{2} < 1 - \dfrac{3-2x}{5} \\ 1.8x + 4.2 > 3.1x + 0.3 \end{cases}$

*94　次の問いに答えよ。

▶教 p.45 応用例題1

(1)　1 個 130 円のりんごと 1 個 90 円のりんごをあわせて 15 個買い，合計金額を 1800 円以下になるようにしたい。130 円のりんごをなるべく多く買うには，それぞれ何個ずつ買えばよいか。

(2)　1 冊 200 円のノートと 1 冊 160 円のノートをあわせて 10 冊買い，1 本 90 円の鉛筆を 2 本買って，合計金額を 2000 円以下になるようにしたい。1 冊 200 円のノートは最大で何冊まで買えるか。

95 次の不等式を満たす整数xをすべて求めよ。

*(1) $\begin{cases} 2x+1<3 \\ x-1<3x+5 \end{cases}$

(2) $\begin{cases} x \leqq 4x+3 \\ x-1<\dfrac{x+2}{4} \end{cases}$

*(3) $x+7 \leqq 3x+15<-4x-2$

SPIRAL C

例題 12 a，b の小数第2位を四捨五入すると，a は3.2，b は1.2になった。
このとき，$a+b$ の値の範囲を求めよ。

解　a は小数第2位を四捨五入して3.2となる数であるから　$3.15 \leqq a < 3.25$
b は小数第2位を四捨五入して1.2となる数であるから　$1.15 \leqq b < 1.25$
ゆえに　$3.15+1.15 \leqq a+b < 3.25+1.25$
よって　$\boldsymbol{4.3 \leqq a+b < 4.5}$ 答

96 $\dfrac{3x+1}{4}$ の小数第1位を四捨五入すると5になるという。このような x の値の範囲を求めよ。

97 5%の食塩水が900gある。これに水を加えて食塩水の濃度を3%以下になるようにしたい。水を何g以上加えればよいか。

思考力 PLUS 絶対値を含む方程式・不等式

SPIRAL A

98 次の方程式，不等式を解け。 ▶教p.46例1

(1) $|x| = 5$

(2) $|x| = 7$

(3) $|x| < 6$

(4) $|x| > 2$

99 次の方程式，不等式を解け。 ▶教p.47例題1

(1) $|x-3|=4$

(2) $|x+6|=3$

(3) $|3x-6|=9$

(4) $|-x+2|=4$

(5)　$|x+3| \leqq 4$

(6)　$|x-1| > 5$

絶対値と場合分け

例題 13　次の方程式を解け。

▶教p.47例題2

$$|x+1| = 7-2x \quad \cdots\cdots ①$$

考え方　x の値の範囲で場合分けをして，絶対値記号をはずす。

解　(i)　$x+1 \geqq 0$ すなわち $x \geqq -1$ のとき

$|x+1| = x+1$

よって，①は　$x+1 = 7-2x$

これを解くと　$x = 2$

この値は，$x \geqq -1$ を満たす。

(ii)　$x+1 < 0$ すなわち $x < -1$ のとき

$|x+1| = -x-1$

よって，①は　$-x-1 = 7-2x$

これを解くと　$x = 8$

この値は，$x < -1$ を満たさない。

(i)，(ii)より，①の解は　$\boldsymbol{x = 2}$　答

100 次の方程式を解け。

(1) $|x+1|=2x$

(2) $|x-8|=3x-4$

2章　集合と論証

1節　集合と論証

1　集合

SPIRAL A

101　10 以下の正の奇数の集合を A とするとき，次の $\square$ に，$\in$，$\notin$ のうち適する記号を入れよ。　▶教p.52例1

*(1)　$3 \square A$　　(2)　$6 \square A$　　*(3)　$11 \square A$

102　次の集合を，要素を書き並べる方法で表せ。　▶教p.53例2

(1)　$A=\{x \mid x$ は 12 の正の約数$\}$

*(2)　$B=\{x \mid x>-3,\ x$ は整数$\}$

103 次の集合 A, B について，$\square$ に，$\supset$，$\subset$，$=$ のうち最も適する記号を入れよ。

▶教 p.54 例3

*(1) $A=\{1,\ 5,\ 9\}$,　$B=\{1,\ 3,\ 5,\ 7,\ 9\}$ について　$A \square B$

(2) $A=\{x \mid x$ は 1 桁(けた)の素数全体$\}$,　$B=\{2,\ 3,\ 5,\ 7\}$ について　$A \square B$

*(3) $A=\{x \mid x$ は 20 以下の自然数で 3 の倍数$\}$, $B=\{x \mid x$ は 20 以下の自然数で 6 の倍数$\}$ について　$A \square B$

104 次の集合の部分集合をすべて書き表せ。

▶教 p.54 例4

*(1) $\{3,\ 5\}$

*(2) $\{2,\ 4,\ 6\}$

(3) $\{a,\ b,\ c,\ d\}$

105 $A=\{1,\ 3,\ 5,\ 7\}$,　$B=\{2,\ 3,\ 5,\ 7\}$,　$C=\{2,\ 4\}$ のとき，次の集合を求めよ。

▶教p.55例5

*(1) $A\cap B$

(2) $A\cup B$

*(3) $B\cup C$

(4) $A\cap C$

*__106__ $A=\{x\mid -3<x<4,\ x \text{は実数}\}$, $B=\{x\mid -1<x<6,\ x \text{は実数}\}$ のとき，次の集合を求めよ。

▶教p.55例6

(1) $A\cap B$

(2) $A\cup B$

107 $U=\{1,\ 2,\ 3,\ 4,\ 5,\ 6,\ 7,\ 8,\ 9,\ 10\}$ を全体集合とするとき，その部分集合 $A=\{1,\ 2,\ 3,\ 4,\ 5,\ 6\}$，$B=\{5,\ 6,\ 7,\ 8\}$ について，次の集合を求めよ。 ▶教p.56例題1

*(1) $\overline{A}$

(2) $\overline{B}$

108 $U=\{1,\ 2,\ 3,\ 4,\ 5,\ 6,\ 7,\ 8,\ 9,\ 10\}$ を全体集合とするとき，その部分集合 $A=\{1,\ 3,\ 5,\ 7,\ 9\}$，$B=\{1,\ 2,\ 3,\ 6\}$ について，次の集合を求めよ。 ▶教p.56例題1

*(1) $\overline{A\cap B}$

(2) $\overline{A\cup B}$

*(3) $\overline{A}\cup B$

(4) $A\cap\overline{B}$

SPIRAL B

*109 次の集合を，要素を書き並べる方法で表せ。 ▶教p.53例2

(1) $A=\{2x \mid x$ は1桁の自然数$\}$

(2) $A=\{x^2 \mid -2 \leqq x \leqq 2,\ x$ は整数$\}$

110 次の集合 A, B について，$A \cap B$ と $A \cup B$ を求めよ。 ▶教p.55例6

(1) $A=\{n \mid n$ は1桁の正の4の倍数$\}$, $B=\{n \mid n$ は1桁の正の偶数$\}$

*(2) $A=\{3n \mid n$ は6以下の自然数$\}$, $B=\{3n-1 \mid n$ は6以下の自然数$\}$

111　$U=\{x\,|\,10 \leqq x \leqq 20,\ x$ は整数$\}$ を全体集合とするとき，その部分集合 $A=\{x\,|\,x$ は 3 の倍数，$x \in U\}$，　$B=\{x\,|\,x$ は 5 の倍数，$x \in U\}$ について，次の集合を求めよ。

▶教 p.56 例題1

*(1)　$\overline{A}$

(2)　$A \cap B$

*(3)　$\overline{A} \cap B$

(4)　$\overline{A} \cup \overline{B}$

112 $A=\{a-1,\ 1\}$，$B=\{-3,\ 2,\ 2a-5\}$ について，$A\subset B$ となるような定数 a の値を求めよ。

113 2つの集合 A，B が，$A=\{2,\ a-1,\ a\}$，$B=\{-4,\ a-3,\ 10-a\}$ であるとき，$A\cap B=\{2,\ 5\}$ となるような a の値を求めよ。

SPIRAL C

例題 14

$U=\{1,\ 2,\ 3,\ 4,\ 5,\ 6,\ 7,\ 8,\ 9\}$ を全体集合とする。
その部分集合 A, B が

$$\overline{A}\cap\overline{B}=\{1,\ 4,\ 8\},\quad A\cap\overline{B}=\{5,\ 6\},\quad \overline{A}\cap B=\{2,\ 7\}$$

を満たすとき，次の集合を求めよ。

(1) $A\cup B$　　(2) A　　(3) B

解　条件より　$A\cap B=\{3,\ 9\}$
よって，U, A, B の関係は，右の図のようになる。

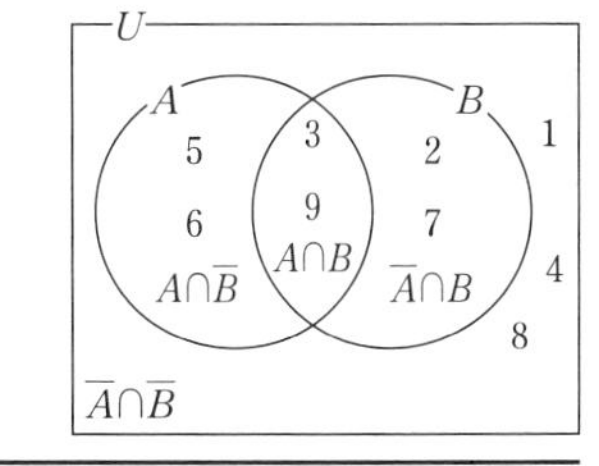

(1) $A\cup B=\{\mathbf{2,\ 3,\ 5,\ 6,\ 7,\ 9}\}$ 答

(2) $A=\{\mathbf{3,\ 5,\ 6,\ 9}\}$ 答

(3) $B=\{\mathbf{2,\ 3,\ 7,\ 9}\}$ 答

114　$U=\{1,\ 2,\ 3,\ 4,\ 5,\ 6,\ 7,\ 8,\ 9\}$ を全体集合とする。その部分集合 A, B が $\overline{A}\cap\overline{B}=\{1,\ 5,\ 6,\ 8\}$, $A\cap\overline{B}=\{2\}$, $A\cap B=\{3,\ 4,\ 7\}$ を満たすとき，A と B を求めよ。

2 命題と条件

SPIRAL A

115 次の文は命題といえるか。命題といえるならば，その真偽を答えよ。 ▶教p.58 練習9

*(1) 1 は 12 の約数である。

(2) 1 は素数である。

*(3) 0.001 は小さい数である。

(4) 正方形は長方形の一種である。

***116** 次の条件 p，q について，命題「$p \Longrightarrow q$」の真偽を調べよ。また，偽の場合は反例をあげよ。ただし，x は実数とする。 ▶教p.60 例7，8

(1) $p：-2 \leqq x \leqq 1$　　$q：x \geqq -3$

(2) $p：-1 < x < 2$　　$q：-2 < x < 5$

(3) $p：x^2 - x = 0$　　$q：x = 1$

117 次の条件 p, q について，命題「$p \Longrightarrow q$」の真偽を調べよ。また，偽の場合は反例をあげよ。ただし，n は自然数とする。

▶教p.60例7，8

*(1) p：n は3の倍数　　q：n は6の倍数

(2) p：n は8の約数　　q：n は24の約数

*(3) p：n は8以下の奇数　　q：n は素数

***118** 次の［　］に，必要条件，十分条件，必要十分条件のうち最も適するものを入れよ。ただし，x，y は実数とする。

▶教p.61例9，p.62例10，11

(1) $x=1$ は，$x^2=1$ であるための［　］である。

(2) 「四角形ABCDは平行四辺形」は，「四角形ABCDは長方形」であるための［　］である。

(3) $x^2=0$ は，$x=0$ であるための［　］である。

(4) $\triangle ABC \equiv \triangle DEF$ は，$\triangle ABC \backsim \triangle DEF$ であるための［　］である。

119 次の条件の否定をいえ。ただし，x は実数とする。 ▶教p.63例12

*(1) $x = 5$

(2) $x \neq -1$

*(3) $x \geqq 0$

(4) $x < -2$

120 次の条件の否定をいえ。ただし，x，y は実数とする。 ▶教p.63例13

*(1) $x < 4$ かつ $y \leqq 2$

*(2) $-3 < x < 2$

(3) $x \leqq 2$ または $x > 5$

(4) $x < -2$ かつ $x < 1$

*121 次の□に，必要条件，十分条件，必要十分条件のうち最も適するものを入れよ。ただし，m，n は自然数とする。

▶教p.62例10，11

(1) mn が奇数であることは，m，n がともに奇数であるための□である。

(2) $m+n$，$m-n$ がともに偶数であることは，m，n がともに偶数であるための□である。

SPIRAL B

122 次の□に，必要条件，十分条件，必要十分条件のうち最も適するものを入れよ。ただし，x，y は実数とする。 ▶教p.62例10，11

(1) $x+y>0$ かつ $xy>0$ は，$x>0$ かつ $y>0$ であるための□である。

(2) $x^2=y^2$ は，$x=\pm y$ であるための□である。

(3) $x^2+y^2=0$ は，$x=0$ または $y=0$ であるための□である。

(4) $p+q$，pq がともに有理数であることは，p，q がともに有理数であるための□である。

(5) $|x|<3$ は，$|x-1|<1$ であるための□である。

3 逆・裏・対偶

SPIRAL A

*123 次の命題の真偽を調べよ。また，逆，裏，対偶を述べ，それらの真偽も調べよ。ただし，x は実数とする。 ▶教p.64例14

(1) $x^2 = 16 \Longrightarrow x = 4$

(2) $x > -1 \Longrightarrow x < 5$

124 次の命題を対偶を利用して証明せよ。 ▶教p.65例題2

*(1) nを整数とするとき，n^2が3の倍数ならば，nは3の倍数である。

(2) 整数m，nについて，$m+n$が奇数ならば，mまたはnは偶数である。

125 $\sqrt{2}$ が無理数であることを用いて，$3+2\sqrt{2}$ が無理数であることを背理法により証明せよ。

▶教 p.66 例題3

***126** 命題「$x+y>2$ ならば $x>1$ または $y>1$ である」の真偽を調べよ。また，逆，裏，対偶を述べ，それらの真偽も調べよ。ただし，x，y は実数とする。

▶教 p.64 例14

SPIRAL B

*127 m，n を整数とするとき，mn が偶数ならば m，n の少なくとも一方は偶数であることを証明せよ。

128 「自然数 n について，n^2 が 3 の倍数ならば n は 3 の倍数である」ことを用いて，$\sqrt{3}$ が無理数であることを証明せよ。

▶教p.67思考力✚

129 (1) a, b を有理数とする。$\sqrt{2}$ が無理数であることを用いて，次の命題を証明せよ。

$$a+\sqrt{2}\,b=0 \Longrightarrow a=b=0$$

(2) (1)を利用して，次の等式を満たす有理数 p, q を求めよ。

$$p-3+\sqrt{2}\,(1+q)=0$$

解答

1 (1) 次数 3，係数 2
(2) 次数 2，係数 1
(3) 次数 4，係数 -5
(4) 次数 3，係数 $\frac{1}{3}$
(5) 次数 6，係数 -4

2 (1) 次数 1，係数 $3a^2$
(2) 次数 3，係数 $2x$
(3) 次数 3，係数 $5ax^2$
(4) 次数 3，係数 $-\frac{1}{2}x^2$

3 (1) $8x-11$　(2) $2x^2+4x-5$
(3) $-6x^3+7x^2-x$　(4) x^3-3x

4 (1) **2 次式**，定数項 1
(2) **3 次式**，定数項 -3
(3) **1 次式**，定数項 -3
(4) **3 次式**，定数項 1

5 (1) $x^2+(2y-3)x+(y-5)$
x^2 の項の係数は 1，x の項の係数は $2y-3$，定数項は $y-5$
(2) $5x^2+(5y^2-3)x+(-y-3)$
x^2 の項の係数は 5，x の項の係数は $5y^2-3$，定数項は $-y-3$
(3) $-x^3+(y-3)x^2+(y+4)x+(-y^2+5)$
x^3 の項の係数は -1，x^2 の項の係数は $y-3$，x の項の係数は $y+4$，定数項は $-y^2+5$
(4) $x^3+(2y-1)x^2+(-3y+5)x+(-y^2+y-7)$
x^3 の項の係数は 1，x^2 の項の係数は $2y-1$，x の項の係数は $-3y+5$，
定数項は $-y^2+y-7$

6 (1) $A+B=4x^2-3x-2$
$A-B=2x^2+x+4$
(2) $A+B=3x^3+x^2+3x-4$
$A-B=5x^3-5x^2-x-2$
(3) $A+B=-x^2+4$
$A-B=-3x^2+2x-2$

7 (1) $7x-5$
(2) $11x^2-12x+7$
(3) $-9x^2+13x-8$

8 (1) $3x^2-4x+2$　(2) $3x^2$

9 (1) $7x-9y-5z$　(2) $2x-2y+27z$

10 (1) a^7　(2) x^8
(3) a^{12}　(4) x^8
(5) a^6b^8　(6) $8a^6$

11 (1) $6x^7$　(2) $-3x^5y^2$
(3) $-32x^6$　(4) $-32x^5y^2$
(5) $-x^{11}y^{12}$　(6) $-108x^{17}y^8$

12 (1) $3x^2-2x$　(2) $4x^3-6x^2-8x$
(3) $-3x^3-3x^2+15x$　(4) $6x^4-3x^3+15x^2$

13 (1) $4x^3+8x^2-3x-6$
(2) $6x^3-4x^2-3x+2$
(3) $3x^3+15x^2-2x-10$
(4) $-2x^3+10x^2+x-5$

14 (1) $6x^3-17x^2+9x-10$
(2) $6x^3-13x^2+4x+3$
(3) $2x^3+7x^2-3x-3$
(4) $x^3+2x^2y-xy^2+6y^3$

15 (1) x^2+4x+4　(2) $x^2+10xy+25y^2$
(3) $16x^2-24x+9$　(4) $9x^2-12xy+4y^2$
(5) $4x^2-9$　(6) $9x^2-16$
(7) $16x^2-9y^2$　(8) x^2-9y^2

16 (1) x^2+5x+6　(2) $x^2-2x-15$
(3) x^2-x-6　(4) x^2-6x+5
(5) x^2+3x-4　(6) $x^2+7xy+12y^2$
(7) $x^2-6xy+8y^2$　(8) $x^2+5xy-50y^2$
(9) $x^2-10xy+21y^2$

17 (1) $3x^2+7x+2$　(2) $10x^2-x-3$
(3) $15x^2+7x-2$　(4) $12x^2-17x+6$
(5) $12x^2-19x-21$　(6) $-6x^2+7x-2$

18 (1) $12x^2-5xy-2y^2$
(2) $14x^2-27xy+9y^2$
(3) $10x^2-9xy+2y^2$
(4) $-3x^2+11xy-10y^2$

19 (1) $a^2+4b^2+4ab+2a+4b+1$
(2) $9a^2+4b^2-12ab+6a-4b+1$
(3) $a^2+b^2+c^2-2ab+2bc-2ca$
(4) $4x^2+y^2+9z^2-4xy-6yz+12zx$

20 (1) $-\frac{1}{2}x^8y^9$　(2) $-\frac{8}{9}x^{15}y^{13}$

21 (1) $6x^2-ax-2a^2$
(2) $6a^2b^2-ab-1$
(3) $2ax-3bx+2ay-3by-2a+3b$
(4) $a^2x+3abx+2b^2x-a^2y-3aby-2b^2y$

22 (1) $8a$　(2) $8x^2+18y^2$
(3) $5y^2$

23 (1) $x^2+4xy+4y^2-9$
(2) $9x^2+6xy+y^2-25$
(3) $x^4-2x^3-x^2+2x-8$

(4) $x^4+4x^3+8x^2+8x+3$
(5) x^2-y^2+6y-9
(6) $9x^4+2x^2+1$
24 (1) x^4-81　(2) x^4-16y^4
(3) a^4-b^4　(4) $16x^4-81y^4$
25 (1) $a^4-8a^2b^2+16b^4$
(2) $81x^4-72x^2y^2+16y^4$
(3) $16x^4-8x^2y^2+y^4$
(4) $625x^4-450x^2y^2+81y^4$
26 (1) 5　(2) 8
27 (1) $x^4-6x^3+7x^2+6x-8$
(2) $x^4+6x^3+x^2-24x-20$
28 (1) $x(x+3)$　(2) $x(x+1)$
(3) $x(2x-1)$　(4) $xy(4y-1)$
(5) $3ab(b-2a)$　(6) $4x^2y(3y^2-5xz)$
29 (1) $ab(x^2-x+2)$
(2) $xy(2x+y-3)$
(3) $4ab(3b-8a+2c)$
(4) $3x(x+2y-3)$
30 (1) $(a+2)(x+y)$
(2) $(x-2)(a-3)$
(3) $(3a-2b)(x-y)$
(4) $(3x-1)(2a-b)$
31 (1) $(3a-2)(x-y)$
(2) $(x+y)(3a-2b)$
(3) $(a+b)(x-2y)$
(4) $(2a+b)(x-1)$
32 (1) $(x+1)^2$
(2) $(x-6)^2$
(3) $(x-3)^2$　参考 $(3-x)^2$ でもよい。
(4) $(x+2y)^2$
(5) $(2x+y)^2$
(6) $(3x-5y)^2$
33 (1) $(x+9)(x-9)$
(2) $(3x+4)(3x-4)$
(3) $(6x+5y)(6x-5y)$
(4) $(7x+2y)(7x-2y)$
(5) $(8x+9y)(8x-9y)$
(6) $(10x+3y)(10x-3y)$
34 (1) $(x+1)(x+4)$
(2) $(x+3)(x+4)$
(3) $(x-2)(x-4)$
(4) $(x-5)(x+2)$
(5) $(x-2)(x+6)$
(6) $(x-3)(x-5)$
(7) $(x-9)(x+6)$
(8) $(x-2)(x+9)$
(9) $(x-6)(x+5)$
35 (1) $(x+2y)(x+4y)$
(2) $(x+y)(x+6y)$
(3) $(x-6y)(x+4y)$
(4) $(x-4y)(x+7y)$
(5) $(x-3y)(x-4y)$
(6) $(a-5b)(a+4b)$
(7) $(a-6b)(a+7b)$
(8) $(a-4b)(a-9b)$
36 (1) $(x+1)(3x+1)$
(2) $(x+3)(2x+1)$
(3) $(x-2)(2x-1)$
(4) $(x-3)(3x+1)$
(5) $(x+5)(3x+1)$
(6) $(x-1)(5x-3)$
(7) $(2x+1)(3x-1)$
(8) $(x+2)(5x-3)$
(9) $(2x+3)(3x+4)$
(10) $(2x-3)(3x+5)$
(11) $(2x+3)(2x-5)$
(12) $(2x-7)(3x+5)$
37 (1) $(x+y)(5x+y)$
(2) $(x-2y)(7x+y)$
(3) $(x-2y)(2x-3y)$
(4) $(2x-3y)(3x+2y)$
38 (1) $(x-y+5)(x-y-3)$
(2) $(x+2y+2)(x+2y-5)$
(3) $(2x-y+2)^2$
(4) $(x-6)(2x-7)$
(5) $(x+2y)(x+2y+2)$
(6) $(x-y)(2x-2y-1)$
39 (1) $(x+1)(x-1)(x+2)(x-2)$
(2) $(x+1)(x-1)(x+3)(x-3)$
(3) $(x^2+4)(x+2)(x-2)$
(4) $(x^2+9)(x+3)(x-3)$
40 (1) $(x+2)(x-1)(x^2+x-1)$
(2) $(x+1)(x-3)(x^2-2x+2)$
(3) $(x+2)(x+3)(x+6)(x-1)$
(4) $(x+2)(x-1)(x^2+x-4)$
41 (1) $(b+2)(a+b)$
(2) $(a-3)(a+b)$
(3) $(a+c)(a-b+c)$
(4) $(a+1)(a-1)(a-b)$
(5) $(a-b)(a+2b-2c)$

42 (1) $b(x+2ay)(x-2ay)$
(2) $2a(x-1)^2$
(3) $2a^2x(x+5)(x-2)$
(4) $\frac{1}{4}x^2(2x+1)^2$

43 (1) $(x+y)(x-y)(a+b)(a-b)$
(2) $(x+1)(a+1)(a-1)$

44 (1) $(x+y-3)(x+y+4)$
(2) $(x+2y-5)(x-y+3)$
(3) $(x+y+2)(x+2y-1)$
(4) $(x-2y+1)(2x+y-1)$
(5) $(x+2y+3)(2x+y-1)$
(6) $(2x-y-4)(3x-2y+3)$

45 (1) $(x+y-2)(x-y-2)$
(2) $(x+4y+3)(x-4y+3)$
(3) $(2x+y+4)(2x-y-4)$
(4) $(3x+y-2)(3x-y+2)$

46 $-(x-y)(y-z)(z-x)$

47 (1) $(x^2+2x+3)(x^2-2x+3)$
(2) $(x^2+x-1)(x^2-x-1)$
(3) $(x^2+2x-2)(x^2-2x-2)$
(4) $(x^2+4x+8)(x^2-4x+8)$

48 (1) $x(x+5)(x^2+5x+10)$
(2) $(x^2-8x+6)(x-4)^2$

49 (1) $x^3+9x^2+27x+27$
(2) $a^3-6a^2+12a-8$
(3) $27x^3+27x^2+9x+1$
(4) $8x^3-12x^2+6x-1$
(5) $8x^3+36x^2y+54xy^2+27y^3$
(6) $-a^3+6a^2b-12ab^2+8b^3$

50 (1) x^3+27 (2) x^3-1
(3) $27x^3-8$ (4) x^3+64y^3

51 (1) $(x+2)(x^2-2x+4)$
(2) $(3x-1)(9x^2+3x+1)$
(3) $(3x+2y)(9x^2-6xy+4y^2)$
(4) $(4x-3y)(16x^2+12xy+9y^2)$
(5) $(x-yz)(x^2+xyz+y^2z^2)$
(6) $(a-b-c)(a^2+b^2+c^2-2ab-bc+ca)$

52 (1) $xy(x-y)(x^2+xy+y^2)$
(2) $(x+y)(x-y)(x^2-xy+y^2)(x^2+xy+y^2)$

53 (1) 1.75 (2) 1.4
(3) 1.666666…… (4) 0.083333……

54 (1) $0.\dot{4}$ (2) $3.\dot{3}$
(3) $0.\dot{3}\dot{9}$ (4) $4.\dot{7}1428\dot{5}$

55
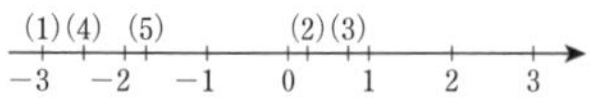

56 (1) 3 (2) 6
(3) 3.1 (4) $\frac{1}{2}$
(5) $\frac{3}{5}$ (6) $\sqrt{7}-\sqrt{6}$
(7) $\sqrt{5}-\sqrt{2}$ (8) $3-\sqrt{3}$
(9) $\sqrt{10}-3$

57 ①自然数は 5
②整数は -3, 0, 5
③有理数は -3, 0, $\frac{22}{3}$, $-\frac{1}{4}$, 5, $0.\dot{5}$
④無理数は $\sqrt{3}$, π

58 (1) 正しくない (2) 正しい

59 (1) $\frac{1}{3}$ (2) $\frac{4}{33}$
(3) $\frac{25}{22}$ (4) $\frac{37}{30}$

60 (1) -1 (2) 0
(3) -1 (4) -2

61 (1) $\pm\sqrt{7}$ (2) 6
(3) $\pm\frac{1}{3}$ (4) $\frac{1}{2}$

62 (1) 7 (2) 3
(3) $\frac{2}{3}$ (4) $\frac{5}{8}$

63 (1) $\sqrt{15}$ (2) $\sqrt{42}$
(3) $\sqrt{30}$ (4) $\sqrt{2}$
(5) $\sqrt{5}$ (6) 2

64 (1) $2\sqrt{2}$ (2) $2\sqrt{6}$
(3) $2\sqrt{7}$ (4) $4\sqrt{2}$
(5) $3\sqrt{7}$ (6) $7\sqrt{2}$

65 (1) $3\sqrt{5}$ (2) $2\sqrt{3}$
(3) $6\sqrt{2}$ (4) 10

66 (1) $2\sqrt{3}$ (2) $4\sqrt{2}$
(3) $-\sqrt{2}$ (4) $\sqrt{3}$
(5) $4\sqrt{2}-\sqrt{3}$ (6) $2\sqrt{2}+\sqrt{5}$

67 (1) $5\sqrt{6}$ (2) $2+\sqrt{10}$
(3) $7+4\sqrt{3}$ (4) $10+2\sqrt{21}$
(5) $3-2\sqrt{2}$ (6) $20-8\sqrt{6}$
(7) 5

68 (1) $\frac{\sqrt{10}}{5}$ (2) $4\sqrt{2}$
(3) $3\sqrt{3}$ (4) $\frac{\sqrt{3}}{2}$
(5) $\frac{\sqrt{15}}{9}$

69 (1) $\dfrac{\sqrt{5}+\sqrt{3}}{2}$ (2) $\sqrt{7}-\sqrt{3}$
(3) $\sqrt{3}-1$ (4) $-2\sqrt{2}-\sqrt{10}$
(5) $10-5\sqrt{3}$ (6) $10-3\sqrt{11}$
(7) $8-3\sqrt{7}$ (8) $-\dfrac{7+2\sqrt{10}}{3}$

70 (1) 4 (2) 0 (3) 2

71 (1) $-2\sqrt{2}+\sqrt{3}$
(2) $\sqrt{2}+13\sqrt{3}$
(3) $2+7\sqrt{10}$
(4) $59-24\sqrt{6}$

72 (1) $\dfrac{\sqrt{3}}{18}$ (2) $\dfrac{3}{2}$
(3) $1-2\sqrt{6}$ (4) 3

73 (1) 0 (2) $\sqrt{3}+\sqrt{5}$

74 (1) 4 (2) 1
(3) 14 (4) 52
(5) 14

75 (1) $\sqrt{3}-1$ (2) 3 (3) 4

76 $a=5$, $b=\sqrt{7}-2$

77 (1) $2+\sqrt{3}$ (2) $\sqrt{7}-\sqrt{2}$
(3) $\sqrt{6}+\sqrt{2}$ (4) $\sqrt{3}-\sqrt{2}$
(5) $3-\sqrt{6}$ (6) $2\sqrt{2}+\sqrt{3}$

78 (1) $\dfrac{\sqrt{10}+\sqrt{2}}{2}$ (2) $\dfrac{\sqrt{14}-\sqrt{2}}{2}$
(3) $\dfrac{3\sqrt{2}+\sqrt{6}}{2}$ (4) $\dfrac{5\sqrt{2}-\sqrt{6}}{2}$

79 (1) $\dfrac{2\sqrt{3}+3\sqrt{2}-\sqrt{30}}{12}$
(2) $\dfrac{2\sqrt{5}+5\sqrt{2}-\sqrt{70}}{20}$

80 (1) $x<-2$ (2) $x<3$
(3) $x\leqq 4$ (4) $x>3$
(5) $x\geqq 10$ (6) $-3\leqq x\leqq 3$
(7) $0<x<3$

81 (1) $2x-3>6$ (2) $\dfrac{x}{3}+2\leqq 5x$
(3) $-5\leqq -5x-4<3$ (4) $60x+150\times 3<1800$

82 (1) $a+3<b+3$ (2) $a-5<b-5$
(3) $4a<4b$ (4) $-5a>-5b$
(5) $\dfrac{a}{5}<\dfrac{b}{5}$ (6) $-\dfrac{a}{5}>-\dfrac{b}{5}$
(7) $2a-1<2b-1$ (8) $1-3a>1-3b$

83 (1) 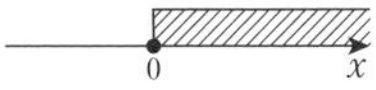 0 x
(2) 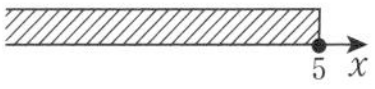 5 x
(3) 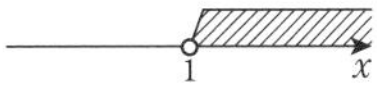 1 x
(4)  -2 x

84 (1) $x>3$ (2) $x<7$
(3) $x\leqq -2$ (4) $x\geqq 6$
(5) $x>-5$ (6) $x\leqq 0$

85 (1) $x>2$ (2) $x<5$
(3) $x\leqq \dfrac{7}{4}$ (4) $x\geqq -\dfrac{1}{2}$
(5) $x\geqq -1$ (6) $x\leqq \dfrac{3}{2}$

86 (1) $x>2$ (2) $x\leqq -1$
(3) $x>-2$ (4) $x\leqq 3$
(5) $x\geqq \dfrac{7}{2}$ (6) $x>1$
(7) $x\geqq \dfrac{15}{4}$ (8) $x>\dfrac{3}{2}$

87 (1) $x<\dfrac{6}{5}$ (2) $x\leqq \dfrac{1}{9}$
(3) $x>\dfrac{10}{7}$ (4) $x>\dfrac{19}{7}$
(5) $x>\dfrac{14}{3}$ (6) $x\leqq 5$

88 (1) $x\leqq -2$ (2) $x\geqq \dfrac{26}{3}$
(3) $x<\dfrac{3}{7}$ (4) $x<-\dfrac{13}{4}$
(5) $x>\dfrac{5}{2}$ (6) $x\geqq \dfrac{27}{28}$
(7) $x<-\dfrac{7}{2}$ (8) $x\leqq -1$

89 (1) 1 (2) 4個

90 (1) $1<x<6$ (2) $-4<x<3$
(3) $\dfrac{1}{2}\leqq x\leqq 7$ (4) $-4<x<-2$

91 (1) $x<-2$ (2) $x\geqq -2$
(3) $x\geqq 6$ (4) $-5\leqq x<\dfrac{6}{5}$

92 (1) $-1\leqq x\leqq 2$ (2) $-1<x<2$
(3) $x\geqq 1$ (4) $-1<x\leqq 6$

93 (1) $-7\leqq x\leqq -2$
(2) $x<3$

94 (1) 130円のりんごを11個，90円のりんごを4個
(2) 5冊まで

95 (1) $x=-2,\ -1,\ 0$
(2) $x=-1,\ 0,\ 1$
(3) $x=-4,\ -3$

96 $\frac{17}{3} \leqq x < 7$

97 600 g 以上

98 (1) $x = \pm 5$　(2) $x = \pm 7$
(3) $-6 < x < 6$　(4) $x < -2,\ 2 < x$

99 (1) $x = 7,\ -1$　(2) $x = -3,\ -9$
(3) $x = 5,\ -1$　(4) $x = -2,\ 6$
(5) $-7 \leqq x \leqq 1$　(6) $x < -4,\ 6 < x$

100 (1) $x = 1$　(2) $x = 3$

101 (1) $3 \in A$　(2) $6 \notin A$　(3) $11 \notin A$

102 (1) $A = \{1,\ 2,\ 3,\ 4,\ 6,\ 12\}$
(2) $B = \{-2,\ -1,\ 0,\ 1,\ \cdots\cdots\}$

103 (1) $A \subset B$　(2) $A = B$
(3) $A \supset B$

104 (1) $\varnothing$, $\{3\}$, $\{5\}$, $\{3,\ 5\}$
(2) $\varnothing$, $\{2\}$, $\{4\}$, $\{6\}$, $\{2,\ 4\}$, $\{2,\ 6\}$, $\{4,\ 6\}$, $\{2,\ 4,\ 6\}$
(3) $\varnothing$, $\{a\}$, $\{b\}$, $\{c\}$, $\{d\}$, $\{a,\ b\}$, $\{a,\ c\}$, $\{a,\ d\}$, $\{b,\ c\}$, $\{b,\ d\}$, $\{c,\ d\}$, $\{a,\ b,\ c\}$, $\{a,\ b,\ d\}$, $\{a,\ c,\ d\}$, $\{b,\ c,\ d\}$, $\{a,\ b,\ c,\ d\}$

105 (1) $\{3,\ 5,\ 7\}$　(2) $\{1,\ 2,\ 3,\ 5,\ 7\}$
(3) $\{2,\ 3,\ 4,\ 5,\ 7\}$　(4) $\varnothing$

106 (1) $A \cap B = \{x \mid -1 < x < 4$, x は実数$\}$
(2) $A \cup B = \{x \mid -3 < x < 6$, x は実数$\}$

107 (1) $\{7,\ 8,\ 9,\ 10\}$
(2) $\{1,\ 2,\ 3,\ 4,\ 9,\ 10\}$

108 (1) $\{2,\ 4,\ 5,\ 6,\ 7,\ 8,\ 9,\ 10\}$
(2) $\{4,\ 8,\ 10\}$
(3) $\{1,\ 2,\ 3,\ 4,\ 6,\ 8,\ 10\}$
(4) $\{5,\ 7,\ 9\}$

109 (1) $A = \{2,\ 4,\ 6,\ 8,\ 10,\ 12,\ 14,\ 16,\ 18\}$
(2) $A = \{0,\ 1,\ 4\}$

110 (1) $A \cap B = \{4,\ 8\}$
$A \cup B = \{2,\ 4,\ 6,\ 8\}$
(2) $A \cap B = \varnothing$
$A \cup B = \{2,\ 3,\ 5,\ 6,\ 8,\ 9,\ 11,\ 12,\ 14,\ 15,\ 17,\ 18\}$

111 (1) $\{10,\ 11,\ 13,\ 14,\ 16,\ 17,\ 19,\ 20\}$
(2) $\{15\}$
(3) $\{10,\ 20\}$
(4) $\{10,\ 11,\ 12,\ 13,\ 14,\ 16,\ 17,\ 18,\ 19,\ 20\}$

112 $a = 3$

113 $a = 5$

114 $A = \{2,\ 3,\ 4,\ 7\}$
$B = \{3,\ 4,\ 7,\ 9\}$

115 (1) 真の命題　(2) 偽の命題
(3) 命題といえない　(4) 真の命題

116 (1) 真
(2) 真
(3) 偽　反例　$x = 0$

117 (1) 偽　反例　$n = 3$
(2) 真
(3) 偽　反例　$n = 1$

118 (1) 十分条件　(2) 必要条件
(3) 必要十分条件　(4) 十分条件

119 (1) $x \neq 5$　(2) $x = -1$
(3) $x < 0$　(4) $x \geqq -2$

120 (1) 「$x \geqq 4$ または $y > 2$」
(2) 「$x \leqq -3$ または $2 \leqq x$」
(3) 「$2 < x \leqq 5$」
(4) 「$x \geqq -2$」

121 (1) 必要十分条件
(2) 必要条件

122 (1) 必要十分条件　(2) 必要十分条件
(3) 十分条件　(4) 必要条件
(5) 必要条件

123 (1) 偽
逆：「$x = 4 \Longrightarrow x^2 = 16$」…真
裏：「$x^2 \neq 16 \Longrightarrow x \neq 4$」…真
対偶：「$x \neq 4 \Longrightarrow x^2 \neq 16$」…偽
(2) 偽
逆：「$x < 5 \Longrightarrow x > -1$」…偽
裏：「$x \leqq -1 \Longrightarrow x \geqq 5$」…偽
対偶：「$x \geqq 5 \Longrightarrow x \leqq -1$」…偽

124 (1) 与えられた命題の対偶「n が 3 の倍数でないならば n^2 は 3 の倍数でない」を証明する。
n が 3 の倍数でないとき，ある整数 k を用いて
$n = 3k + 1$　または　$n = 3k + 2$
と表される。
(i) $n = 3k + 1$ のとき
$n^2 = (3k+1)^2 = 9k^2 + 6k + 1$
$= 3(3k^2 + 2k) + 1$
(ii) $n = 3k + 2$ のとき
$n^2 = (3k+2)^2 = 9k^2 + 12k + 4$
$= 3(3k^2 + 4k + 1) + 1$
(i), (ii)において，$3k^2 + 2k$，$3k^2 + 4k + 1$ は整数であるから，いずれの場合も n^2 は 3 の倍数でない。
よって，対偶が真であるから，もとの命題も真である。

(2) 与えられた命題の対偶「m も n も奇数ならば，$m+n$ は偶数である」を証明する。

m も n も奇数のとき，ある整数 k，l を用いて

$m=2k+1$，$n=2l+1$

と表される。ゆえに

$$m+n=(2k+1)+(2l+1)$$
$$=2k+2l+2=2(k+l+1)$$

ここで，$k+l+1$ は整数であるから，$m+n$ は偶数である。

よって，対偶が真であるから，もとの命題も真である。

125 $3+2\sqrt{2}$ が無理数でない，すなわち

$3+2\sqrt{2}$ は有理数である

と仮定する。

そこで，r を有理数として

$$3+2\sqrt{2}=r$$

とおくと

$$\sqrt{2}=\frac{r-3}{2} \quad \cdots\cdots①$$

r は有理数であるから，$\frac{r-3}{2}$ は有理数であり，

等式①は，$\sqrt{2}$ が無理数であることに矛盾する。

よって，$3+2\sqrt{2}$ は無理数である。

126 真

逆：「$\boldsymbol{x>1}$ **または** $\boldsymbol{y>1 \Longrightarrow x+y>2}$」…**偽**

(反例 $x=3$，$y=-2$)

裏：「$\boldsymbol{x+y\leqq 2 \Longrightarrow x\leqq 1}$ **かつ** $\boldsymbol{y\leqq 1}$」…**偽**

(反例 $x=3$，$y=-1$)

対偶：「$\boldsymbol{x\leqq 1}$ **かつ** $\boldsymbol{y\leqq 1 \Longrightarrow x+y\leqq 2}$」…**真**

127 与えられた命題の対偶をとると

「m，n がともに奇数ならば，mn は奇数である」であるから，これを証明すればよい。

m，n が奇数であるとき，ある整数 k，l を用いて

$m=2k+1$，$n=2l+1$ (k，l は整数)

と表される。

ゆえに

$$mn=(2k+1)(2l+1)$$
$$=4kl+2k+2l+1$$
$$=2(2kl+k+l)+1$$

ここで，$2kl+k+l$ は整数であるから，mn は奇数である。

よって，対偶が真であるから，与えられた命題も真である。

128 $\sqrt{3}$ が無理数でない，すなわち $\sqrt{3}$ が有理数であると仮定すると，$\sqrt{3}$ は1以外に公約数をもたない2つの自然数 m，n を用いて，次のように表される。

$$\sqrt{3}=\frac{m}{n} \quad \cdots\cdots①$$

①より　$\sqrt{3}n=m$

両辺を2乗すると　$3n^2=m^2$　……②

②より，m^2 は3の倍数であるから，m も3の倍数である。

よって，m は，ある自然数 k を用いて $m=3k$ と表され，これを②に代入すると

$3n^2=(3k)^2=9k^2$　すなわち　$n^2=3k^2$ ……③

③より，n^2 が3の倍数であるから，n も3の倍数である。

以上のことから，m，n はともに3の倍数となり，m，n が1以外の公約数をもたないことに矛盾する。

したがって，$\sqrt{3}$ は有理数でない。

すなわち，$\sqrt{3}$ は無理数である。

129 (1) $b\neq 0$ と仮定する。

$a+\sqrt{2}b=0$ より　$\sqrt{2}=-\frac{a}{b}$

a，b は有理数なので $-\frac{a}{b}$ も有理数となり，

$\sqrt{2}$ が無理数であることに矛盾する。

よって　$b=0$

これを $a+\sqrt{2}b=0$ に代入すると

$a=0$

したがって

$$a+\sqrt{2}b=0 \Longrightarrow a=b=0$$

(2) $\boldsymbol{p=3}$，$\boldsymbol{q=-1}$

スパイラル数学Ⅰ学習ノート
数と式／集合と論証

●編　者　実教出版編修部
●発行者　小田　良次
●印刷所　寿印刷株式会社

●発行所　実教出版株式会社
〒102-8377
東京都千代田区五番町5
電話<営業>(03)3238-7777
<編修>(03)3238-7785
<総務>(03)3238-7700
https://www.jikkyo.co.jp/

002302022　ISBN 978-4-407-36016-5